REAKTIONSSCHEMATA

ZUR EINFÜHRUNG
IN DIE ANORGANISCHE CHEMIE
UND ZU WIEDERHOLUNGEN

ZUM GEBRAUCH
FÜR SCHÜLER, STUDIERENDE
UND LEHRER

VON

DR. CHRISTOPH SCHWANTKE
STUDIENRAT

VERLAG VON R. OLDENBOURG
MÜNCHEN UND BERLIN

Buchformat DJN: A5

VORWORT.

Die Schemata dieses Heftes gelten für heteropolare Bindungen, d. h.
für solche, deren Atomverknüpfung so erklärt wird, daß Elektronen von
dem einen der zu verbindenden Atome auf das andere gerückt sind, so
daß ein positives und ein negatives Ion entstanden, die sich elektro-
statisch festhalten.

Für homoiopolare Bindungen, bei denen vermutlich von beiden zu
verbindenden Atomen Elektronen zu einer gemeinsamen Mittelscheibe
oder Kugel zusammentreten, die die beiden positiven Reste festhält,
gelten die den Schematen zugrunde liegenden Begriffe des reduzierten
und oxydierten Zustandes nicht, diese finden daher in den Schematen
keine Stelle.

Wegen der grundsätzlichen Verschiedenheit der beiden Bindungs-
typen ist es nicht ohne weiteres statthaft, aus organischen Abkömm-
lingen die Formel einer anorganischen Verbindung abzuleiten (Beispiel
HNO_2 oder H_2SO_3). Es muß angenommen werden, daß für die für unsere
Schemata allein in Betracht kommenden Verbindungen die normale Formel
gilt, die mit dem unten zu erwähnenden Momentensatze in Einklang steht.
Unsere Formeln bilden keinen Widerspruch zu den sonst vielfach ge-
schriebenen, sondern sie gehen aus jenen hervor, wenn darin die homoiopolaren Bindungen weggelassen oder wenigstens besonders gekennzeichnet
werden.

Die Schemata enthalten eine erhebliche Menge von chemischem,
elektrochemischem, technologischem, geologischem und biologischem Tat-
sachenmaterial in denkbar knappester Form. Für die Zwecke der höheren
Schule wird der Lehrer leicht die ihm geeignet scheinende Auswahl treffen
können. Es ist nicht zu tadeln, wenn wir unseren Schülern ein Heft in
die Hand geben, dessen Stoffmenge weit über die Schule hinausgeht;
jeder andere Unterricht tut das in seinen Lehrbüchern auch. Gerade
wenn man die in Unterricht und Übungen behandelten Reaktionen als
Teilstücke einer umfassenderen Reaktionengesamtheit erkennen läßt, gewinnt der Schüler eine wesentlich vertieftere Einsicht in das, was eigent-
lich bei dem betreffenden Versuch geschieht. Vor allem begreift er, daß
eine gewünschte Umwandlnug sich mit sehr verschiedenen Mitteln er-
zwingen läßt, und er sagt dann selbst Versuchsmöglichkeiten an.

4

Wir dürfen auf der Schule nicht nur Kostproben aus der Chemie geben, sondern müssen nach einer gewissen Vollständigkeit des Überblicks über das Ganze streben; nicht — natürlich — um der wenigen willen, die später Naturwissenschaften studieren, sondern im Gedanken an die viel größere Zahl derer, die nur auf der Schule etwas von Chemie hören. Da ist bei der ungeheuren Stoffmenge ein aus dem Wesen des chemischen Geschehens kommender Ordnungsgesichtspunkt, wie ihn unsere Schemata geben, von großem Werte.

Studierende werden in den Schematen, wenn sie sie, wie leicht möglich, vervollständigen, zwar nicht alles, aber doch weitaus das meiste finden, wovon in Vorlesung und Praktikum gehandelt wird, und sie werden durch den Gebrauch der Schemata neben ihren sonstigen Büchern ein erleichtertes Verständnis und ein bequemeres Merken der chemischen Tatsachen gewinnen.

Vorangestellt wurde eine gekürzte Tabelle des periodischen Systems, in der die Gruppe Null doppelt eingetragen ist, weil sich ja die reduzierte und die oxydierte Höchstwertigkeit der meisten Elemente durch Abzählen bis zu ihr ergibt.

Die Schemata wurden zum Teil schon veröffentlicht in: Zeitschrift für den physikalischen und chemischen Unterricht 1920 S. 136 und in: Naturwissenschaftliche Monatshefte 1925 S. 163. In beiden Aufsätzen wurde ihre Brauchbarkeit im Schulunterricht erörtert.

Zwei Aufsätze in der Zeitschrift für den physikalischen und chemischen Unterricht 1926 S. 25 und S. 226 schildern den Nutzen der Schemata für die Formelbildung.

Für die Durchsicht der Handschrift und Korrektur bin ich Herrn Dr. phil. Walter Fischer zu großem Dank verpflichtet.

Berlin, im September 1926.

Der Verfasser.

EINLEITUNG.

In den folgenden Schematen stehen die verschiedenen Oxydations-stufen der Elemente untereinander, beginnend mit der Stufe reduzierter Wertigkeit, wo sie vorkommt; für die Einführung unwichtigere Stufen wurden fortgelassen.

Man erhält die Zahl der reduzierten Wertigkeit in den Gruppen 4—7 durch Abzählen nach rechts bis zur Gruppe Null im periodischen System. Man erhält die oxydierte Höchstwertigkeit in allen Gruppen durch Ab-zählen nach links bis zur Gruppe Null. Ausnahmen bilden Kupfer und Gold, die auch zwei- bzw. dreiwertig sind; vor ihnen steht auch kein Edelgas.

Für den chemischen Charakter (Säure, Base) der Wasserstoffverbin-dungen besteht keine einfache Regel; HCl ist z. B. starke Säure, NH_3 in den Ammoniumverbindungen Base, in den Nitriden eine — nicht typische — schwache Säure, H_2O ist weder Säure noch Base.

Auch die Oxyde können Säure, Base oder keines von beiden sein; Beispiele für das letzte geben N_2O und NO. Typische Nichtmetalle wie Cl, S, N, P geben saure Oxyde, typische Metalle wie Na, Ca, Ag geben basische Oxyde; dazwischen stehen viele Elemente, deren Oxyde starken Basen gegenüber sauer, starken Säuren gegenüber basisch sind, z. B. Zn, Al, As, Pb, man sagt hier, das Element verhalte sich sowohl als Nicht-metall wie als Metall.

Alle Formeln der Säuren und Basen oxydierter Wertigkeit erhält man dadurch, daß man alle Wertigkeiten mit OH-Gruppen absättigt und dann solange H_2O fortnimmt bis die gewünschte Formel sich ergibt. Es ist üblich, die Formel mit H beginnend zu schreiben, wenn der Stoff als Säure wirkt, mit dem Element, wenn er basisch wirkt; H_2ZnO_2 und $Zn(OH)_2$ meint also denselben Stoff.

Vollständiger Wasserverlust ändert den chemischen Charakter einer Substanz nicht, es ist daher der Unterschied von Säure und Anhydrid, von Oxyd und Hydroxyd unwesentlich, und er kommt in den Schematen nicht zum Ausdruck; wo das eine steht, ist immer das andere mit gemeint.

Auch sonst betrachten wir ein Hinzutreten oder Fortfallen von H_2O als das Wesen des chemischen Vorgangs nicht berührend, wir machen daher keinen grundsätzlichen Unterschied zwischen z. B.: $HCl + NH_3 = NH_4Cl$ und $HCl + NaOH = NaCl + H_2O$. Dadurch gilt nicht nur ganz allgemein das Grundgesetz: Säure + Base = Salz, sondern es gilt auch ganz allgemein seine Umkehrung: in jedem Salz steckt eine Säure und eine Base. Wir sagen also nicht nur z. B.: in $CaCO_3$ steckt CO_2 und CaO, sondern wir sagen auch: in FeS steckt begrifflich FeO und H_2S oder — ebensogut — es steckt darin $Fe(OH)_2$ und H_2S. Diese Ausdrucksweise ist für den Lernenden sehr bequem, er übersieht dann leicht, wie durch eine geeignete (nicht sagen stärkere) andere Säure aus jedem Salz die in ihm steckende Säure, durch eine geeignete andere Base aus jedem Salz die darin steckende Base ausgetrieben werden kann.

In den Schematen hebt sich das sehr plastisch heraus: alle Reaktionen zwischen Säure, Base, Salz werden durch horizontale Schritte angedeutet, dabei bedeutet $\longrightarrow\!\!\!\!\rightarrow$ mit Säure zu verwandeln in, entsprechend $\longleftarrow$ mit Base zu verwandeln in.

Durch diese Schreibweise hebt sich sehr deutlich der saure, basische oder doppelartige Charakter eines Stoffes heraus, dadurch daß die Salze, in denen er steckt, links von ihm, rechts oder beiderseitig stehen.

Allmählich gewinnt man ferner die sichere Einsicht, daß H_2S dasselbe bedeutet wie: reduziert zweiwertiger Schwefel, $Fe(OH)_3$ dasselbe wie: oxydiert dreiwertiges Eisen, und so lernt man die Vorgänge beherrschen, die in den Schematen durch die vertikalen Pfeile gemeint werden. Es bedeuten dabei Pfeile von oben nach unten Oxydationen, die umgekehrt gerichteten Reduktionen. Dabei meinen die Pfeile auch alle in der Horizontalen der Stoffe gelegenen Verbindungen mit, von denen die Pfeile ausgehen und zu denen sie führen. Z. B. meint der Pfeil von H_2SO_4 zu H_2S auch die Reduktion von Sulfaten zu Sulfiden, der Pfeil von FeO zu Fe_2O_3 auch z. B. die Oxydation von $FeCO_3 \cdot H_2CO_3$ zu $Fe(OH)_3$.

Die Oxydationen und Reduktionen sind von einer Gesetzmäßigkeit beherrscht, die qualitativ besagt, daß zu jeder Oxydation auch eine Reduktion gehört und umgekehrt, und es wird dem Lernenden sehr geraten, darauf besonders zu achten, bis es ihm selbstverständlich geworden ist. Beispiele: Zn + O = ZnO, es wird Zink zu oxydiert zweiwertigem, Sauerstoff zu reduziert zweiwertigem; das Umgekehrte gilt für den Zerfall von HgO in die Elemente; $KClO_3$ = KCl + 3 O, es wird das oxydiert fünfwertige Chlor zu reduziert einwertigem reduziert, der reduziert zweiwertige Sauerstoff zu elementarem oxydiert.

Die eben betrachteten Beispiele führen darauf, daß der Zusammenhang von Oxydation und Reduktion ein quantitativer ist. Es ist das Produkt aus Stufenänderung und Zahl der veränderten Atome für den oxydierten Teil gleich dem entsprechenden Produkt für den reduzierten Teil. Im zuletzt genannten Beispiel wird ein Chlor um 6 Stufen reduziert, drei Sauerstoffe um je 2 Stufen oxydiert. Rechnet man hier den Weg nach oben als negativ, den nach unten als positiv, dann ergibt sich der Momentensatz, der für das Beispiel lautet: $1 \times (-6) + 3 \times (+2) = 0$. Die Schemata sind so entworfen, daß die Abstände proportional den Oxydations-stufen sind, dadurch hebt sich die gedachte Gesetzlichkeit anschaulich heraus.

Der Momentensatz erleichtert dem Lernenden die Formelbildung: es soll z. B. Pb durch HNO_3 oxydiert werden, wobei HNO_3 zu NO reduziert wird (-3), Pb zu PbO oxydiert wird $(+2)$, so gilt also $3 \times (+2) + 2 \times (-3) = 0$; also $3\,Pb + 2\,HNO_3 = 3\,PbO + 2\,NO + H_2O$; Hinzufügen von $6\,HNO_3$ auf beiden Seiten (im Schema ein horizontaler Pfeil) ergibt die endgültige Formel. Oder es soll NH_3 durch $Ca\begin{smallmatrix}OCl \\ Cl\end{smallmatrix}$ zu N oxydiert werden, also um $+3$, wobei das Cl der Gruppe OCl zu HCl, also um -2 reduziert wird; also $2 \times (+3) + 3 \times (-2) = 0$; $2\,NH_3 + 3\,Ca\begin{smallmatrix}OCl \\ Cl\end{smallmatrix} = 2\,N + 3\,CaCl_2 + 3\,H_2O$. Oder es soll P_2O_5 durch Al zu P reduziert werden (-5), wobei Al um $+3$ oxydiert wird; $6 \times (-5) + 10 \times (+3) = 0$; $3\,P_2O_5 + 10\,Al = 6\,P + 5\,Al_2O_3$.

Dem Lernenden kann sehr empfohlen werden, möglichst viele Beispiele auf die Gültigkeit des Momentensatzes zu prüfen, auch wenn sich die Formel leicht ohne ihn ergibt. Der Satz erweist auch z. B. die Wertigkeit $+3$ für N in HNO_2, die $+4$ für S in H_2SO_3, die $+1$ für P in $P(OH) \cdot H_2O$.

In manchen Fällen, wie dem oben gedachten $HgO = Hg + O$, reduziert ein Stoffbestandteil den anderen; dies gilt auch z. B. für das Rösten von Zinnober, es wird zuerst HgS zu $Hg + S$, und dies geht solange vor sich, als S zu SO_2 wegbrennt; also $HgS + 2\,O = Hg + SO_2$.

Besonders gut heben sich in den Schematen die Fälle heraus, die sonst schwer durchsichtig sind, in denen ein Stoff zum Teil oxydiert und zum Teil reduziert wird, was ein sich gabelnder Pfeil andeutet. Wenn z. B. Cl beim Einleiten in heiße starke KOH KCl und $KClO_3$ liefert, wobei Cl zum Teil um -1 reduziert, zum Teil um $+5$ oxydiert wird, dann ist $5 \times (-1) + 1 \times (+5) = 0$; also $5\,Cl + Cl + 6\,KOH = 5\,KCl + KClO_3$. Wenn bei vorsichtigem Schmelzen $KClO_3$ in $KClO_4$ und KCl zerfällt, so wird Cl zum Teil um $+2$ oxydiert, zum Teil um -6 reduziert; $3 \times (+2) + 1 \times (-6) = 0$; $3\,KClO_3 + KClO_3 = 3\,KClO_4 + KCl$. Wenn ferner die Formel gilt $CaO + 3C = CaC_2 + CO$, wobei C zu CO um $+2$ oxydiert wird, so folgt, daß C in $Ca\begin{smallmatrix}C \\ \| \\ C\end{smallmatrix}$ reduziert einwertig ist; die 3 die beiden C-Atome verknüpfenden Bindungen sind homoiopolar, und homoiopolar Gebundenes erscheint im Momentensatz als nullwertig. Z. B. $2\,S_2Cl_2 + 2\,H_2O = 4\,HCl + SO_2 + 3\,S$; hier wird jedes der 4 Cl von nullwertig zu -1 wertig, der eine Schwefel von null- zu $+4$-wertig, die anderen 3 Schwefel bleiben nullwertig, so daß auch hier der Momentensatz gilt. Oder die Methanolsynthese $4\,H + CO = H_3COH$, hier ist nur die Verknüpfung von OH heteropolar, d. h. ein H wird $+1$-wertig, der in CO -2-wertige Sauerstoff wird (heteropolar) -1-wertig, er erhöht also seine Wertigkeit um $+1$, das $+2$-wertige C wird nullwertig, vermindert also seine Wertigkeit um 2, es gilt auch hier unser Satz. Weitere Beispiele für ihn enthalten die beiden am Ende der Einleitung genannten Arbeiten.

Endlich ermöglichen die Schemata den letzten Schritt der Einsicht in heteropolare Zusammenhänge, daß nämlich reduzierte Wertigkeit einen Elektronenüberschuß, oxydierte einen Elektronenmangel bedeutet. Auf diesem Wege durchschaut man die elektrochemischen Zusammenhänge. Wir können nun sagen: im Na_2S steckt Na^+ und S^{--}, während wir früher dasselbe so ausdrückten: es steckt oxydiertes Natrium und reduzierter Schwefel darin, und während wir am Anfang sagten: es steckt NaOH und H_2S darin. So erkennt man, daß auch bei jeder Elektrolyse und bei dem Geschehen in jedem galvanischen Element sich Oxydation und Reduktion genau die Wage halten müssen; bei der Elektrolyse erfolgt am negativen Pol eine Reduktion, am positiven eine Oxydation, beim Element schiebt das sich oxydierende Metall (meist Zink, im Akkumulator Blei) Elektronen in die Leitung ab, wird also zum negativen Pol.

Dem Lernenden wird geraten, solche Fälle in möglichst großer Zahl zusammenzustellen, in denen dieselbe Oxydation oder Reduktion sowohl elektrochemisch wie rein chemisch bewirkt werden kann, z. B. kann HCl so zu Cl oxydiert, $CuSO_4$ so zu Cu reduziert werden.

Unterstrichene Farbenbezeichnungen bedeuten die Schwerlöslichkeit der betreffenden Verbindung in Wasser, Unterstreichung bedeutet Zersetztwerden durch Wasser.

Die in allen Schematen wiederkehrenden Nummern sollen zu dauernder Vergleichung von Element zu Element anregen.

0	1	2	3	4	5	6	7	0
2 He 4	1 H 1,008							2 He
10 Ne 20,2	3 Li 6,94		5 B 10,82	6 C 12,00	7 N 14,008	8 O 16,00	9 F 19,0	10 Ne
18 A 39,88	11 Na 23,00	12 Mg 24,32	13 Al 26,97	14 Si 28,06	15 P 31,04	16 S 32,07	17 Cl 35,46	18 A
26 Fe 55,84 27 Co 58,97 28 Ni 58,68	19 K 39,10	20 Ca 40,07				24 Cr 52,01	25 Mn 54,93	26 Fe 27 Co 28 Ni
36 Kr 82,9	29 Cu 63,57	30 Zn 65,37			33 As 74,96		35 Br 79,92	36 Kr
44 Ru 101,7 45 Rh 102,9 46 Pd 106,7		38 Sr 87,6						44 Ru 45 Rh 46 Pd
54 X 130,2	47 Ag 107,88			50 Sn 118,7	51 Sb 121,8		53 J 126,92	54 X
76 Os 190,9 77 Ir 193,1 78 Pt 195,2		56 Ba 137,4						76 Os 77 Ir 78 Pt
	79 Au 197,2	80 Hg 200,6		82 Pb 207,2		92 U 238,2		
		88 Ra 226						

Schwefel.

1. Luft, Nitrate und andere Oxydationsmittel oxydieren erhitzten Schwefel zu SO_2.
2. H_2S reduziert SO_2 zu S.
3. Luftsauerstoff (Kontaktverfahren der H_2SO_4-Fabrikation), Stickstoffoxyde (Bleikammer), Halogene, Lösung von $KMnO_4$ ... oxydieren SO_2 zu H_2SO_4.
4. S erhitzt mit konz. H_2SO_4, ebenso Cu und C reduzieren H_2SO_4 zu SO_2, Kohlenstoff in richtiger Menge reduziert beim Schmelzen ein Sulfat zum Sulfit (Na_2SO_4 bei Glasfabrikation ...).
5. H reduziert beim Durchleiten durch geschmolzenen Schwefel diesen zu H_2S, Metalle (Na, Fe, Zn, Mg, Cu ...) reduzieren S zu Sulfiden.
    Wenn Sulfitlösungen mit Schwefel gekocht werden, gehen sie in Thiosulfate über; dabei wird der Sulfitschwefel ($+4$) zu Sulfatschwefel ($+6$) oxydiert, der elementare zu -2-wertigem reduziert.
    Umgekehrt wird aus dem Thiosulfat z. B. durch Chlor der reduzierte Schwefel wieder herausoxydiert (Antichlor). (Dies gehört zu Nr. 6.)
6. Sauerstoff oxydiert H_2S schon in der Kälte bei der Lebenstätigkeit gewisser Bakterien (Bildung von Schwefellagern), Halogene, Eisenoxydsalze, HNO_3 $KMnO_4$, SO_2, Halogene tun Gleiches, mit wenig Luft verbrennt H_2S zu S. Manche Oxyde in Sulfiden oxydieren den eigenen H_2S zu S, solange dieser zu SO_2 fortbrennt, z. B. $HgS + 2O = Hg + SO_2$.
8a. H_2S verbrennt zu SO_2 und H_2O, beim Rösten der Sulfide unedler Metalle wird deren H_2S zu SO_2 oxydiert, die Metalloxyde (PbO, ZnO, Fe_2O_3) hinterbleiben, auch gilt: $2PbO + PbS = 3Pb + SO_2$.
8b. Ein Niederschlag von FeS mit z. B. Brom behandelt liefert $Fe(OH)_3$ und H_2SO_4, so gehen oberhalb des Grundwassers Sulfide in Sulfatmineralien über (Alaunschiefer, Pseudomorphose von Brauneisen nach FeS_2), Schwefelbakterien oxydieren H_2S zu H_2SO_4.
9. Sulfate mit genügender Menge von C geschmolzen geben Sulfide Heparreaktion, Leblancprozeß), faulende Stoffe reduzieren Sulfate zu H_2S, von dem dann die Schwefelbakterien leben, Pflanzen bilden aus Sulfaten die HS-Gruppen ihres Eiweiß.
14. Metalloxyde als solche oder in löslichen Salzen geben mit H_2S frei oder in löslichen Sulfiden Sulfide.
15. Geeignete Säuren machen aus Sulfiden H_2S frei.
11a. Kieselsäure geschmolzen vermag SO_2 aus mit Kohle reduzierten Sulfaten in Freiheit zu setzen (Schwefelsäuregewinnung aus Gips), ebenso kann durch Säuren SO_2 aus Sulfiten und Bisulfiten erhalten werden.
18. Der in H_2SO_4 steckende gebundene Wasserstoff wird zu elementarem reduziert an der Kathode einer Elektrolyse od. durch unedle Metalle wie Zn.
19. Von dem in H_2SO_4 steckenden gebundenen Sauerstoff kann $1/4$ herausoxydiert werden an der Anode einer Elektrolyse.

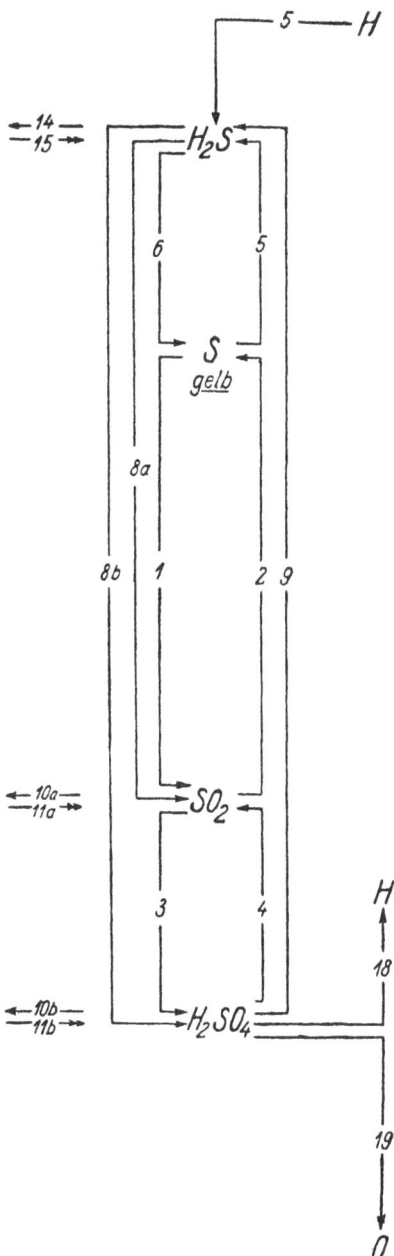

Sulfide.

Na$_2$S $\cdot$ 9 H$_2$O und NaHS beide weiß.

(NH$_4$)$_2$S und NH$_4$HS in Lösung.

FeS schwarz Ndschl. braun Magnetkies.

FeS$_2$ gelb Schwefelkies.

PbS schwarz Ndschl. grau Bleiglanz.

ZnS weiß Ndschl. dunkel Blende.

CuS schwarz Ndschl.

CuFeS$_2$ gelb Kupferkies.

SnS braun Ndschl.

SnS$_2$ gelb Ndschl.

As$_2$S$_3$ und As$_2$S$_5$ beide gelb Ndschl.

HgS schwarz Ndschl. rot Zinnober.

Sb$_2$S$_3$ orange Ndschl. grau Grauspießglanz.

CdS gelb Ndschl.

MnS rosa Ndschl.

NiS schwarz Ndschl.

CoS schwarz Ndschl.

Sulfite.

Na$_2$SO$_3$ $\cdot$ 7 H$_2$O weiß.

NaHSO$_3$ weiß.

Sulfate.

Na$_2$SO$_4$ $\cdot$ 10 H$_2$O und NaHSO$_4$ $\cdot$ H$_2$O beide weiß.

CaSO$_4$ $\cdot$ 2 H$_2$O weiß Gips, auch Ndschl.

CaSO$_4$ weiß Anhydrit.

BaSO$_4$ weiß Schwerspat, auch Ndschl.

MgSO$_4$ $\cdot$ H$_2$O weiß Kieserit.

PbSO$_4$ weiß Ndschl.

CuSO$_4$ $\cdot$ 5 H$_2$O blau.

Al$_2$(SO$_4$)$_3$ $\cdot$ K$_2$SO$_4$ $\cdot$ 24 H$_2$O weiß ein Alaun.

Chlor.

1 a. Beim Einleiten von Cl in kalte verdünnte Alkalilauge wird die Hälfte zu HClO oxydiert, die Hälfte zu HCl reduziert, Gleiches gilt für die Bildung von $Ca\Big\langle{{OCl}\atop{Cl}}$

1 b. Bei Berührung von Cl mit heißer starker Alkalilauge wird $^1/_6$ des Chlors zu $HClO_3$ oxydiert, $^5/_6$ zu HCl reduziert.

2 a. HClO wird durch HCl zu Cl reduziert, dabei HCl zu Cl oxydiert (wenn H_2SO_4 auf das Gemenge nach 1 a gegossen wird).

2 b. Ebenso wird $HClO_3$ durch HCl zu Cl reduziert.

3. Bei vorsichtigem Erhitzen eines Chlorats spaltet sich $HClO_3$ nach: $4\,KClO_3 = 3\,KClO_4 + KCl$; dabei spaltet sich etwas $KClO_4$ in KCl $+\,4\,O$ (Pfeil nicht gezeichnet).

5. Cl wird zu HCl reduziert durch H, durch Metalle, in allen anderen Fällen, in denen Cl als Oxydationsmittel dient ($H_2S \rightarrow S$, $MgBr_2 \rightarrow Br$, $Fe^{II} \rightarrow Fe^{III}$, $K_2MnO_4 \rightarrow KMnO_4$, $Na_2PbO_2 \rightarrow PbO_2\ldots$).

6. HCl wird zu Cl oxydiert an der Anode einer Elektrolyse von HCl oder Chloriden, durch Oxydationsmittel wie Luft, MnO_2, $KMnO_4$, K_2CrO_4, HNO_3 (in Königswasser), HClO, $HClO_3$.

7. HCl wird zu H reduziert an der Kathode einer Elektrolyse und durch Metalle.

9. $HClO_3$ wird zu HCl reduziert durch Metalle (Mg, Zn\ldots), durch Nichtmetalle (C, P, S \ldots), durch organische Stoffe (Zucker, Papier \ldots). Bei starkem Erhitzen (mit oder ohne Katalysator) werden Chlorate zu Chloriden reduziert, der in ihnen steckende gebundene Sauerstoff wird dabei zu elementarem oxydiert.

11 b. Erst nach Hinzufügen einer Säure (Tropfen H_2SO_4 auf Gemenge von $KClO_3$ und Zucker) zeigt sich $KClO_3$ als ganz starkes Oxydationsmittel, wobei zuerst $HClO_3$ entsteht.

15. Technisch ist nur H_2SO_4 geeignet, HCl aus Chloriden in Freiheit zu setzen, die HCl des Magensaftes wird wahrscheinlich durch den großen Überschuß von H_2CO_3 frei gemacht.

Chloride.

NaCl weiß, durchsichtig Steinsalz.

KCl weiß, durchsichtig Sylvin.

KCl · MgCl$_2$ · 6 H$_2$O weiß (rot) Carnallit.

AgCl weiß Ndschl.

PbCl$_2$ weiß Ndschl.

Hypochlorit.

NaOCl in Lösung.

Ca $<$ OCl / Cl weiß grau Chlorkalk.

Chlorat.

KClO$_3$ weiß.

Perchlorat.

KClO$_4$ weiß.

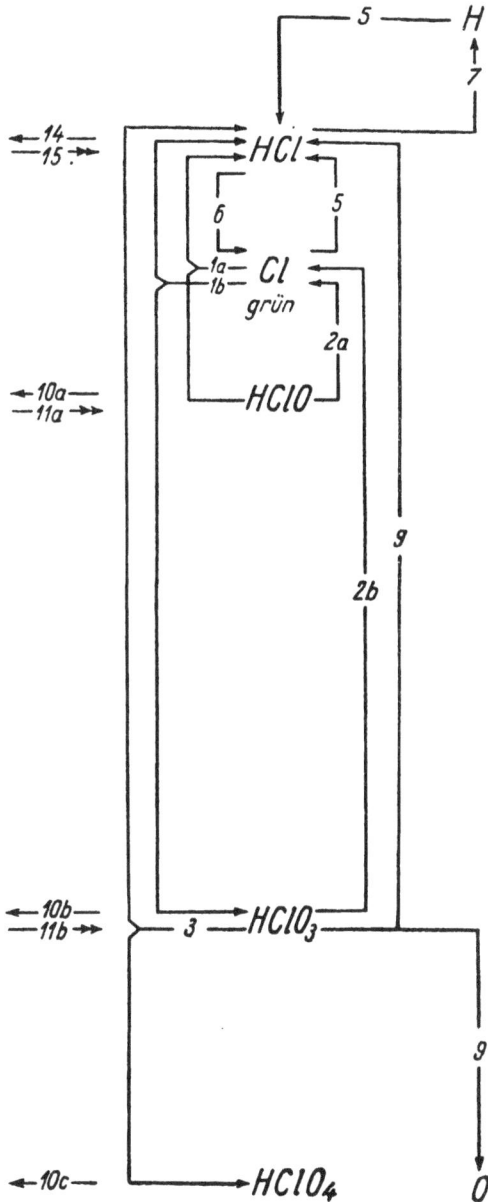

5 —— H

7

14

15

HCl

6   5

1a —   Cl

1b   grün

2a

HClO

10a

11a

9

2b

10b

11b   3 —→ HClO$_3$

9

10c   HClO$_4$ O

Stickstoff.

1a. Im elektrischen Lichtbogen wird N durch Luftsauerstoff zu NO oxydiert, dies gibt mit weiterer Luft HNO_3 (Salpetersäureverfahren von Schönherr).

1b. In höheren Luftschichten wird $2N + 2H_2O = NH_4NO_2$, das besonders in Gewitterregen zur Erde kommt.

2a. Umgekehrt wird beim Kochen der Lösungen eines Nitrits und eines Ammoniumsalzes HNO_2 zu N reduziert, NH_3 zu N oxydiert.

2b. Bei der Explosion von Nitratsprengstoffen (Nitrozellulose ...) wird HNO_3 zu N reduziert, denitrifizierende Bakterien tun dasselbe.

3a. An der Luft oxydiert sich NO zu braunem NO_2.

3b. Wenn sich NO_2 in Alkalilauge löst, wird es zum Teil zu HNO_2 reduziert, zum Teil zu HNO_3 oxydiert.

3c. Durchleiten von Luft macht aus einer Lösung von HNO_2 eine von HNO_3, Nitratbakterien oxydieren Nitrite.

4a. Schmelzen eines Nitrats mit Reduktionsmitteln (Pb ...) gibt Nitrit.

4b. Cu, Ag, Hg, Pb ... reduzieren HNO_3 zu NO, ebenso tun Fe^{II}-Salze (brauner Ring).

4c. NO_2 wird durch SO_2 zu NO reduziert (Versuch über das Bleikammerverfahren).

4d. HNO_2 oxydiert KJ, Fe^{II}-Salz ... und wird dabei zu NO.

5. N wird zu NH_3 reduziert durch H (Verfahren von Haber und Bosch), ferner durch CaC_2 (Verfahren von Frank und Caro), auch durch Mg, Ca ... Knöllchenbakterien und andere reduzieren N zu den NH_2-Gruppen ihres Eiweiß.

6. NH_3 wird zu N oxydiert an der Anode der sog. Elektrolyse von NH_3-Lösung (mit NaCl), d. h. durch das entstehende Chlor, ebenso durch Oxydationsmittel wie Chlorkalk, unter Umständen durch Luft am Platinkontakt, NH_4Cl wird durch $K_2Cr_2O_7$ zu N oxydiert.

7. NH_3 wird zu H reduziert an der Kathode der vorigen Elektrolyse, auch beim Überleiten von NH_3 über heißes Mg.

8. Nitrit- und Nitratbakterien oxydieren die Ammoniakgruppen von Salzen oder aus sich zersetzendem organischen Material zu Nitraten; im Versuch und technisch wird NH_3 durch Sauerstoff (Katalysator, Platin) zu NH_4NO_3 auf dem Wege über NO und NO_2.

9. Durch entstehenden Wasserstoff in alkalischer Lösung (NaOH mit Zn) wird HNO_3 zu NH_3 reduziert, Pflanzen machen aus Nitraten die NH_2-Gruppen ihres Eiweiß.

10. Beim Schmelzen von $Pb(NO_3)_2$ wird dessen N_2O_5 zum Teil zu NO_2 reduziert, zum Teil zu O oxydiert.

15. Wasser macht aus Mg_3N_2, heißer Wasserdampf macht aus CaNCN NH_3 frei.

Nitride
und Verwandtes.

AlN grau Alu-
miniumnitrid.

Mg₃N₂ weiß Mag-
nesiumnitrid.

CaNCN grau Kalk-
stickstoff.

Ammoniumsalze.

$(NH_4)_2CO_3$ weiß.

NH_4Cl weiß
Salmiak.

NH_4NO_3 weiß.

NH_4HS in Lösung.

$(NH_4)_2SO_4$ weiß.

$MgNH_4PO_4 \cdot 6 H_2O$
weiß.

Nitrit.

$NaNO_2$ weiß.

Nitrate.

$NaNO_3$ weiß Chile-
salpeter.

KNO_3 weiß.

$Pb(NO_3)_2$ weiß.

$AgNO_3$ weiß
Höllenstein.

Phosphor.

1. Luftsauerstoff und andere Oxydationsmittel oxydieren P zu P_2O_5.
2. Kohlenstoff reduziert P_2O_5 zu P (elektrischer Ofen) und wird zu CO.
5. P wird beim Erwärmen mit Zn zu Zinkphosphid Zn_3P_2 reduziert; auch durch Phosphor selbst läßt sich Phosphor reduzieren, beim Kochen von P mit KOH wird $\frac{1}{4}$ des P zu (unreinem) PH_3 reduziert, $\frac{3}{4}$ zu $H_3PO_2 = POH \cdot H_2O$ oxydiert, $4P + 3KOH + 3H_2O = PH_3 + 3POK \cdot H_2O$.
8. PH_3 verbrennt zu P_2O_5; bei Herstellung von schmiedbarem Eisen wird der als Eisenphosphid im Roheisen steckende Phosphorgehalt zu P_2O_5 oxydiert, das nach 10a mit CaO Thomasschlacke liefert.
11a. Zum Zwecke der Phosphorgewinnung wird heute im elektrischen Ofen das P_2O_5 aus $Ca_3(PO_4)_2$ durch schmelzende Kieselsäure frei gemacht. H_2SO_4 macht aus $Ca_3(PO_4)_2$ einen Teil der Phosphorsäure frei, die sich mit dem Rest des Salzes zu saurem (primärem) Phosphat verbindet.

Phosphid.

Zn_3P_2 braun Zinkphosphid.
Mg_3P_2 weiß Magnesiumphosphid.

Hypophosphit.

$POK \cdot H_2O$ weiß.

Phosphate.

$NaH_2PO_4 \cdot H_2O$, $Na_2HPO_4 \cdot 12 H_2O$,
$\quad Na_3PO_4 \cdot 12 H_2O$ weiß.
$CaH_4(PO_4)_2$ [$Ca_3(PO_4)_2 \cdot 4 H_3PO_4$] weiß.
$Ca_2H_2(PO_4)_2$ [$Ca_3(PO_4)_2 \cdot H_3PO_4$] weiß.
$Ca_3(PO_4)_2$ weiß, auch Bestandteil des Phos-
$\quad$ phorits, in der Thomasschlacke ein basi-
$\quad$ sches Phosphat.
$3 Ca_3(PO_4)_2 \cdot Ca(F, Cl)_2$ weiß, bunt Apatit.
$CaH_4(PO_4)_2 \cdot 2 CaSO_4 \cdot 6 H_2O$ weiß grau Su-
$\quad$ perphosphat.
Ag_3PO_4 gelb Ndschl.
$FePO_4$ gelb Ndschl.
$NH_4MgPO_4 \cdot 6 H_2O$ weiß Ndschl.

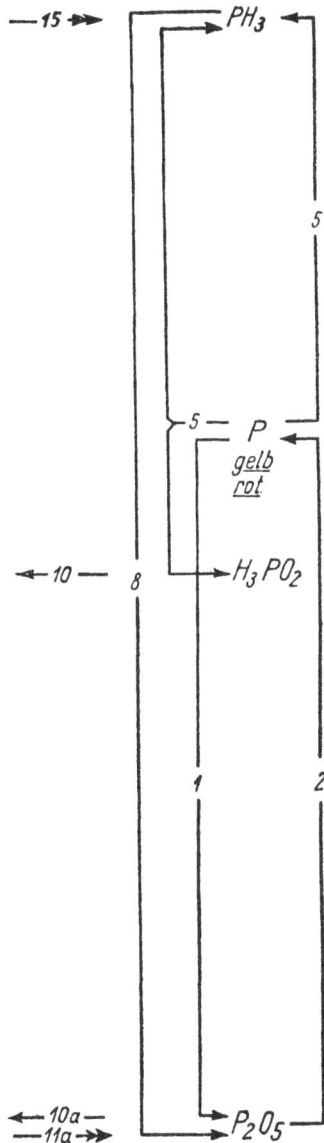

$— 15 \twoheadrightarrow$

$\leftarrow 10 —$ $\quad 8$

$\leftarrow 10a —$
$—11a \twoheadrightarrow$

PH_3

5

$5 — P$
$\quad\quad gelb$
$\quad\quad rot$

$\rightarrow H_3PO_2$

$1 \quad\quad 2$

$\rightarrow P_2O_5$

Arsen.

1. Sauerstoff verbrennt As zu As_2O_3.
2. Durch Erhitzen mit Kohle wird As_2O_3 zu As reduziert (Spiegel).
3. Eindampfen von As_2O_3 mit starker HNO_3 oxydiert zu As_2O_5, ebenso oxydieren Halogene.
5. Beim Erhitzen mit Zink wird As zu Arsenid reduziert.
8. AsH_3 — nach 15 aus dem Arsenid mit verdünnter Säure erhalten — (Vorsicht!) verbrennt an der Luft mit blauer Flamme zu As_2O_3.
9. Entstehender Wasserstoff reduziert As und alle Oxydverbindungen zu AsH_3 (Marshsche Probe).
10a. As_2O_3 löst sich in NaOH unter Bildung von Arsenit, es wirkt also gegenüber der starken Base als Säure (arsenige Säure H_3AsO_3).
12a. As_2O_3 löst sich in HCl unter Bildung von Chlorid, es wirkt also gegenüber der starken Säure als Base [Arsenhydroxydul $As(OH)_3$].
10b und 12b bedeuten entsprechende Reaktionen.

Arsenid.
Zn₂As₂ <u>grau</u> Zink-
arsenid.

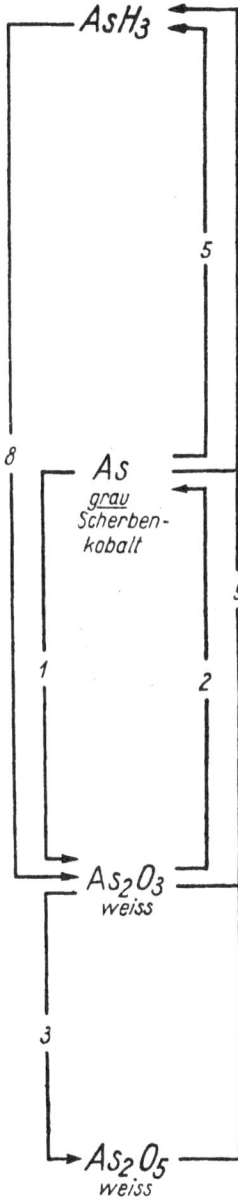

Zn,As, grau Zink- —— *15* ⇒⇒ AsH_3

5

As
grau
Scherben-
kobalt

8   *1*   *2*   *9*

Arsenite.
Na₃AsO₃ weiß.
Ag₃AsO₃ <u>gelb</u>
Ndschl.
CuHAsO₃ <u>grün</u>
Ndschl.

⟵ *10a* ⟶ As_2O_3
weiss   ⟶ *12a*⇒

Oxydulsalze.
AsCl₃ in Lösung.
As₂S₃ <u>gelb</u> Ndschl.
<u>gelb</u> Auri-
pigment.

3

Arsenate.
Na₃AsO₄ weiß.
Ag₃AsO₄ <u>braunrot</u>
Ndschl.

⟵ *10b*⟶ As_2O_5
weiss   —— *12b*⇒⇒

Oxydsalze.
AsCl₅ in Lösung.
As₂S₅ <u>gelb</u> Ndschl.

Kohlenstoff.

1 a. Oxydation von C zu CO_2 durch Verbrennen in Sauerstoff oder Luft, ferner durch Schmelzen mit Oxydationsmitteln wie $NaNO_3$, durch Explosion mancher Sprengstoffe wie Schwarzpulver oder Oxyliquit, überhaupt in allen Fällen, in denen C bei nicht zu hoher Temperatur Reduktionsmittel ist, z. B. $2\,H_2SO_4 + C = 2\,SO_2 + CO_2 + 2\,H_2O$.

1 b. C wird zu CO oxydiert durch CO_2 im Generator und Hochofen, ferner durch Wasser bei der Wassergaserzeugung, überhaupt in allen Fällen, in denen C bei hoher Temperatur Reduktionsmittel ist, z. B. $P_2O_5 + 5\,C = 2\,P + 5\,CO$.

2. CO_2 wird beim Überleiten über glühendes Mg durch dieses zu C reduziert.

3. CO wird zu CO_2 oxydiert durch Luftsauerstoff in Feuerungen und Kraftmaschinen mit Generatorgas u. dgl., es wird durch Metalloxyde oxydiert im Hochofen u. dgl.

4. CO_2 wird zu CO reduziert durch C im Gasgenerator und Hochofen.

5. Bei hoher Temperatur (elektrischer Ofen) spaltet sich in Berührung mit CaO das C nach der Gleichung: $3\,C + CaO = CaC_2 + CO$. Beim Erhitzen unter Luftabschluß reduziert Ca das C zu Karbid.

6. Kohlenwasserstoffe werden in luftarmen Flammen zu C (Ruß), auch Chlor bewirkt das. Dies bildet eine gewisse Parallele zur Oxydation von HCl zu Cl, von H_2S zu S usw., da aber C in den Kohlenwasserstoffen homoiopolar gebunden, mithin vom Gesichtspunkt des Heteropolaren aus nullwertig ist, so ist sein Übergang in Ruß keine Oxydation im eigentlichen Sinne.

8. Kohlenwasserstoffe und überhaupt organische Verbindungen, die wesentlich aus C und H bestehen, werden leicht zu CO_2 oxydiert, auch in den Lebewesen.

9. Die umgekehrte Reduktion bewirken die grünen Pflanzen im Licht.

9 a. Neuerdings wird CO durch H (Wassergas) zu organischen Verbindungen reduziert (Methylalkohol . . .).

Anmerkung: Anknüpfend an die Überlegungen der Einleitung sei bemerkt, daß für die homoiopolaren Bindungen der organischen Stoffe die Begriffe des oxydierten und reduzierten Zustandes nicht gelten. Wir können daher in C_2H_2 bzw. in CH_4 den Kohlenstoff nicht reduziert ein- bzw. vierwertig nennen; aber sicher hat für CaC_2 und etwa Al_4C_3, die sich auf anorganischem Wege bilden, jene Aussage Sinn, denn ihre Bildung genügt dem Momentensatz. In diesem Sinne ist die Schemazeichnung gemeint.

Karbide.

Al$_4$C$_3$ grau Aluminiumkarbid.

-15 ⫸

CaC$_2$ grau Calciumkarbid.

-15 ⫸
mit H$_2$O

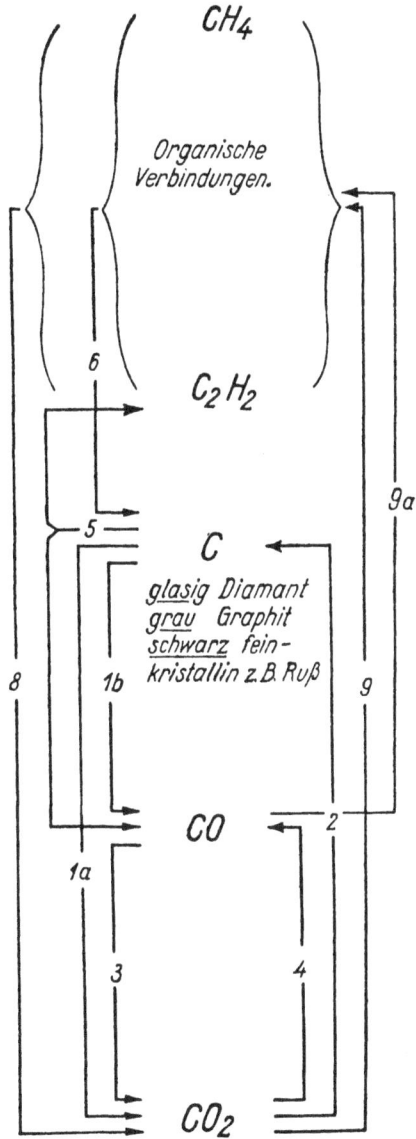

Karbonate.

Na$_2$CO$_3$ · 10 H$_2$O weiß Soda.
Na$_2$CO$_3$ · H$_2$CO$_3$ = NaHCO$_3$ weiß
   Bikarbonat.
K$_2$CO$_3$ weiß Pottasche.
CaCO$_3$ weiß (grau) Kalkspat.
CaCO$_3$ weiß (gelblich) Aragonit.
CaCO$_3$ · H$_2$CO$_3$ in Lösung.
ZnCO$_3$ weiß Ndschl., hell Galmei.
FeCO$_3$ grün Spateisenstein.
FeCO$_3$ · H$_2$CO$_3$ in Lösung.

$\leftarrow$ 10 $-$
$-$ 11 ⫸

Silizium.

1. Silizium wird durch Wasser (mit etwas NaOH) zu SiO_2 oxydiert.
2. Mg, Al... reduzieren SiO_2 zu Si.
5. Si wird durch Mg zu Silizid reduziert.
8. Unreiner SiH_4 entzündet sich schon bei gewöhnlicher Temperatur von selbst an der Luft und verbrennt zu SiO_2.
10. Technisch liefert Kieselsäure (Sand) mit in Salzen (Karbonaten, Sulfiten) steckenden Basen beim Zusammenschmelzen Silikate (Wasserglas, Glas, Glasuren, Email ...). In der Natur gibt die bei der Verwitterung entstehende kolloide Kieselsäure neue Silikate.
11. Aus Alkalisilikaten fällen Mineralsäuren $Si(OH)_4$ aus, auch manche Mineralien sind so aufschließbar. Bei der Verwitterung geben die Silikate wesentlich Kieselsäure $Si(OH)_4$ und Karbonate, das $Al(OH)_3$ tritt als solches auf, weil es kein Karbonat bildet. Nachträglich können neue Silikate (Kaolin ...) entstehen.
15. Säuren machen aus Mg_2Si den SiH_4 frei.

Silizid.

Mg$_2$Si <u>weiß</u> Magnesiumsilizid.

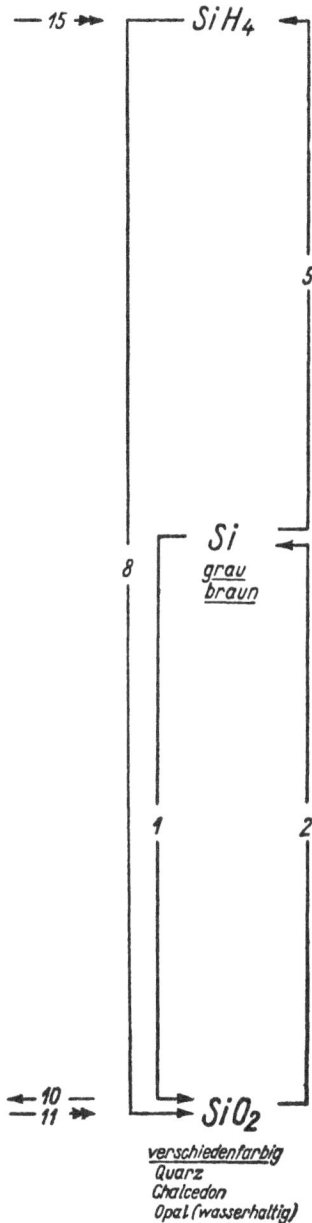

$$-\;15\;\twoheadrightarrow \qquad SiH_4 \;\leftarrow$$

$$5$$

$$8 \qquad\qquad Si$$
$$\underline{\underline{grau\;braun}}$$

$$1 \qquad\qquad 2$$

Silikate.

Na$_2$SiO$_3$, K$_2$SiO$_3$ weiß Wasserglas.
<u>Weiß, rötlich</u> Orthoklas.
<u>Weiß, gelblich</u> Kalknatronfeldspat.
<u>Grün</u> Olivin.
<u>Schwarz</u> gemeiner Augit.
<u>Schwarz</u> basaltische Hornblende.
<u>Weiß, schwarz</u> Glimmer.
Natrium-Calciumsilikat <u>glasig</u> gew. Glas.

$$\overset{\leftarrow\;10}{\underset{11\;\twoheadrightarrow}{=}} \qquad \rightarrow\; SiO_2$$

verschiedenfarbig
Quarz
Chalcedon
Opal (wasserhaltig)

Natrium.

1. Natrium wird zu NaOH oxydiert durch gewöhnliche, d. h. nicht ganz trockene Luft, durch Wasser, durch Säuren zu deren Salzen, durch Nichtmetalle wie Cl und S zu den Natriumsalzen der Metalloidwasserstoffe, durch Oxyde wie CO_2, überhaupt in allen Fällen, in denen Natrium Reduktionsmittel ist.
2. Geschmolzenes NaOH wird zu Na reduziert an der Kathode einer Elektrolyse. Auch bei Elektrolyse von Natriumsalzlösungen findet diese Reduktion statt, das dabei entstandene Natrium wird aber — außer bei Quecksilberkathode — sogleich vom Wasser wieder oxydiert.
12. Kochen von NaOH mit Fettsäure gibt Kernseife.
13. Lösung von Na_2CO_3 wird durch $Ca(OH)_2$ kaustisch gemacht.

Zusatz: Beim Verbrennen von Natriummetall mit trockenem Sauerstoff entsteht Natriumsuperoxyd $Na_2O_2 = Na — O — O — Na$; in ihm sind die beiden Sauerstoffatome homoiopolar aneinander gebunden, daher hat der Stoff keine Stelle im Schema. Na_2O_2 liefert mit Wasser Sauerstoff, mit Säuren Wasserstoffsuperoxyd H_2O_2, auch leiten sich wichtige Bleichstoffe von ihm ab.

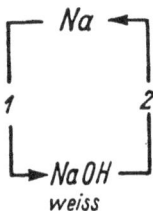

Natriumsalze.

NaCl weiß (rot) Steinsalz.
Na_3AlF_6 weiß Kryolith.
$NaNO_3$ weiß Chilesalpeter.
$Na_2HPO_4 \cdot 12H_2O$ weiß Dinatriumphosphat.
$Na_2S \cdot 9H_2O$, NaHS weiß Sulfid.
$Na_2SO_4 \cdot 10H_2O$ weiß Glaubersalz.
$Na_2CO_3 \cdot 10H_2O$ weiß Soda.
$NaHCO_3$ weiß Bikarbonat.
Na_2SiO_3 weiß Wasserglas.
$Na_2O \cdot Al_2O_3 \cdot 6SiO_2$ ⎱ weiß gelblich Kalk-
$CaO \cdot Al_2O_3 \cdot 2SiO_2$ ⎰ natronfeldspat.
Natrium-Calcium-Silikat gew. Glas.
$Na_2B_4O_7 \cdot 10H_2O$ weiß Borax.

Kalium.

1. Kalium wird zu KOH oxydiert durch nicht ganz trockene Luft, durch Nichtmetalle, durch Säuren, durch Oxyde, durch andere Stoffe; die Neigung des Metalls zu dieser Oxydation ist noch größer als die entsprechende von Natrium.
2. Auch die Reduktion des KOH zu K wird durch Elektrolyse der Schmelze bewirkt.
12. Ein großer Teil der gebrauchten Pottasche wird durch Einleiten von CO_2 in KOH gewonnen. Kochen von KOH mit Fettsäure gibt Kaliseife.

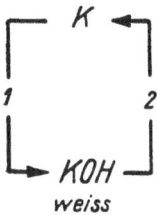

KCl weiß Sylvin.
KCl · MgCl₂ · 6 H₂O weiß, oft durch Eisenoxyd rötlich Carnallit.
KCl · MgSO₄ · 3 H₂O weiß Kainit.
KClO in Lösung Hypochlorit.
KClO₃ weiß Chlorat.
KNO₂ weiß Nitrit.
KNO₃ weiß Kalisalpeter.
K₂CO₃ weiß Pottasche.
K₂SO₄ weiß Sulfat.
K₂SiO₃ weiß Wasserglas.
K₂O · Al₂O₃ · 6 SiO₂ weiß, rötlich, gelblich Orthoklas.
Kali-Tonerde-Glimmer farblos Muskovit.
Kalibleiglas stark lichtbrechend.

Magnesium.

1. Mg wird zu MgO und seinen Salzen oxydiert durch Sauerstoff und Luft, durch Oxyde wie H_2O, CO_2, SiO_2, durch Säuren wie HCl, H_2SO_4, durch andere Oxydationsmittel wie Chlorate und Nitrate, durch Nichtmetalle wie Cl, S, N, Si.

2. Elektrolyse der Schmelze von $KCl \cdot MgCl_2$ reduziert das oxydierte Mg zu Metall.

13. $MgCl_2$ wird bei höherer Temperatur durch H_2O ganz oder teilweise in MgO und HCl gespalten. Umgekehrt gibt gebrannter Magnesit mit $MgCl_2$-Lauge ein Oxychlorid (Steinholz, Wärmeisoliermassen...).

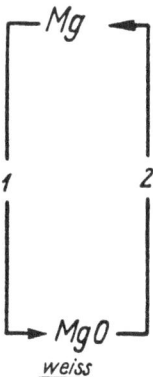

KCl · MgCl₂ · 6 H₂O oft rötlich Carnallit.
KCl · MgSO₄ · 3 H₂O weiß Kainit.
Oxychlorid MgCl₂ · MgO weiß in Steinholz.
MgSO₄ · H₂O weiß Kieserit.
MgSO₄ · 7 H₂O weiß Bittersalz.
MgCO₃ weiß, grau Magnesit.
MgCO₃ · CaCO₃ weiß, grau, gelb Dolomit.
MgNH₄PO₄ · 6 H₂O weiß Ndschl.
Mg₂SiO₄ grün Olivin.
Mg, Ca, Fe, Al-Metasilikate schwarz gemeiner Augit, basaltische Hornblende.
Strahlige Hornblende: Asbest weiß, grau.
Magnesia-Glimmer schwarz Biotit.

Wasserhaltige Mg-Silikate:
    oft grün Serpentin,
    grün Chlorit,
    weiß Talk,
    gelblich Meerschaum.

Calcium.

1. Calcium wird zu CaO oxydiert durch Luftsauerstoff, durch Wasser und andere Oxyde, durch Säuren, durch Nichtmetalle.

2. Technisch wird bei der Elektrolyse eines geschmolzenen Gemenges von $CaCl_2$ und CaF_2 das oxydierte Calcium zum Metall reduziert.

13. Karbonate spalten sich beim Glühen leicht in Base und Säure. Die Abspaltung von H_2CO_3 aus Calciumbikarbonat geschieht beim Kochen (Kesselsteinbildung), beim Austritt heißer Lösungen aus der Erde (Kalksinterbildung), bei der Assimilationstätigkeit mancher Pflanzen (Kalktuffbildung), beim Bau von Stützsubstanz vieler Tiere, endlich an Keimen aus übersättigter Lösung (Bildung von Kristallen von Kalkspat und Aragonit).

12. CaO und $Ca(OH)_2$ geben Aluminat und Karbonat bei Erhärtung von Zement und Kalkmörtel, sie machen andere Basen aus ihren Salzen frei (NH_3 aus NH_4Cl, NaOH aus Na_2CO_3), sie werden als die billigsten Basen in vielen Fällen zur Neutralisation von Säuren benützt.

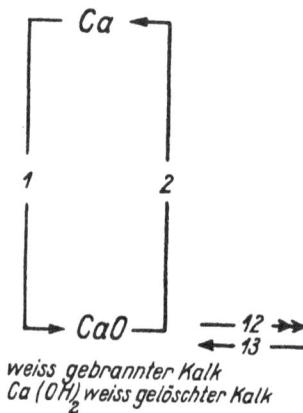

```
   ┌─ Ca ◄─
   │       │
   │       │
   1       2
   │       │
   │       │
   └─► CaO ─┘  ── 12 ►►
              ◄─ 13 ──
```

weiss gebrannter Kalk
$Ca(OH)_2$ weiss gelöschter Kalk

Calciumsalze.

CaF_2 verschiedenfarbig, glasig Flußspat, weiß Ndschl.

$Ca{<}^{OCl}_{Cl}$ weiß Chlorkalk.

$CaSO_4$ weiß Anhydrit.

$CaSO_4 \cdot 2 H_2O$ weiß Gips.

$Ca(NO_3)_2$ grau Norgesalpeter.

$CaCO_3$ weiß, hell Kalkspat, Aragonit.

$CaCO_3 \cdot H_2CO_3$ in Lösung.

$CaCO_3 \cdot MgCO_3$ weiß, grau, gelb Dolomit.

$3 Ca_3(PO_4)_2 \cdot Ca(F, Cl)_2$ verschiedenfarbig Apatit.

$Ca_3(PO_4)_2$ unrein grau, gelb Phosphorit.

Basisches Calciumphosphat grau Thomasschlacke.

$CaH_4(PO_4)_2 \cdot 2 CaSO_4 \cdot 6 H_2O$ weiß, grau Superphosphat.

$CaO \cdot Al_2O_3 \cdot 2 SiO_2$ ⎫ weiß, gelb Kalk-
$Na_2O \cdot Al_2O_3 \cdot 6 SiO_2$ ⎭ natronfeldspat.

Ca, Mg, Fe, Al-Metasilikate: schwarz gemeiner Augit, basaltische Hornblende.

Calcium-Natrium-Silikat gewöhnliches Glas.

CaC_2 grau Karbid.

Calciumoxalat CaC_2O_4 weiß Ndschl.

Zink.

1. Zink kann in Sauerstoff und in Luft unter grüner Flammenbildung zu ZnO oxydiert werden; Säuren oxydieren zu ihren Salzen; Alkalilaugen oxydieren zu Zinkaten; Nichtmetalle (S, Cl, P, As . . .) oxydieren zu Salzen des betreffenden Nichtmetallwasserstoffes; Salze edlerer Metalle oxydieren zu Zinkionen und werden selbst zu Metall reduziert. In den galvanischen Elementen ist meist Zink der negative Pol; dank seinem großen Ionenlösungsdruck geht es als oxydiertes Zink = Zn^{++} in Lösung und schiebt dabei Elektronen in den Stromkreis; im Elektrolyten entsteht demnach ein Zinksalz; die positiven Ionen des Elektrolyten werden an die andere Elektrode (Kohle, Kupfer . . .) gedrängt und dort reduziert dadurch, daß sie Elektronen aus der Elektrode herausziehen, diese zum positiven Pol machend; oft ist das so Entladene Wasserstoff, der schließlich — um Polarisation zu vermeiden — fortoxydiert wird durch MnO_2, H_2CrO_4, HNO_3.

2. ZnO wird durch Kokspulver in Muffeln zu Zinkdampf reduziert.

10. Starken Basen gegenüber ist $Zn(OH)_2$ Säure H_2ZnO_2.

11. Vorsichtiger Säurezusatz fällt $Zn(OH)_2$ aus dem Zinkat wieder aus.

12. Starken Säuren gegenüber ist $Zn(OH)_2$ Base.

13. Basen fällen aus löslichen Zinksalzen $Zn(OH)_2$.

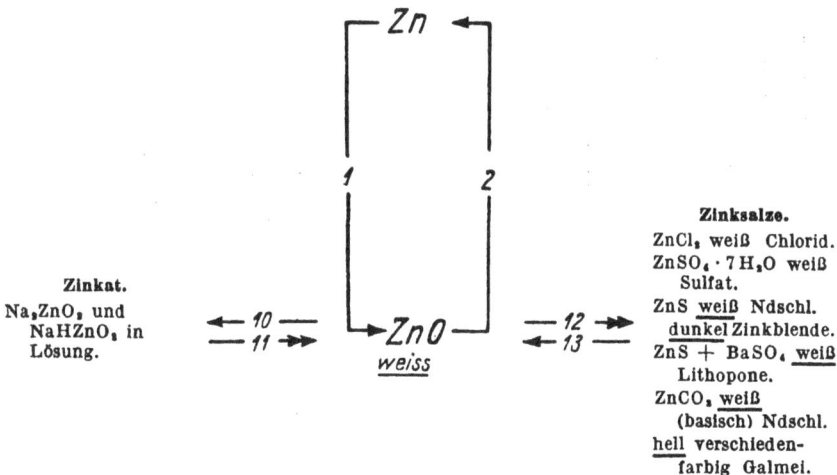

Zinkat.

Na₂ZnO₂ und NaHZnO₂ in Lösung.

Zinksalze.

ZnCl₂ weiß Chlorid.

ZnSO₄·7H₂O weiß Sulfat.

ZnS weiß Ndschl. dunkel Zinkblende.

ZnS + BaSO₄ weiß Lithopone.

ZnCO₃ weiß (basisch) Ndschl. hell verschiedenfarbig Galmei.

Quecksilber.

1a. Durch kalte verdünnte HNO_3 wird Hg zu $HgNO_3$ oxydiert.

1b. Durch warme starke HNO_3, auch durch Schwefel, auch bei richtiger Temperatur durch Sauerstoff wird Hg zu HgO und seinen Salzen oxydiert.

2a. Reduktionsmittel wie $SnCl_2$ reduzieren Oxydulverbindungen (besonders leicht HgCl) zu Quecksilber.

2b. HgO zerfällt beim Erhitzen in Hg + O, dabei wird das oxydierte Quecksilber durch den reduzierten Sauerstoff reduziert. Entsprechend wird aus HgS das Hg durch seinen reduzierten Schwefel herausreduziert, wenn der dabei entstehende Schwefel zu SO_2 wegbrennen kann: $HgS + 2O = Hg + SO_2$ (Rösten des Zinnobers).

3. Oxydationsmittel wie starke HNO_3, Chlor, schmelzende Nitrate ... oxydieren Oxydulverbindungen zu Oxydverbindungen.

4. Reduktionsmittel wie $SnCl_2$, Hg, Ameisensäure ... reduzieren Oxydverbindungen zu Oxydulverbindungen, bei Überschuß nach 2a weiter zu Hg.

5. Oxydulverbindungen zerfallen leicht in ein Gemenge von Oxydverbindung und Quecksilber.

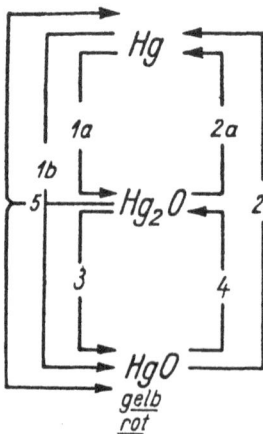

Oxydulsalze.

HgCl weiß Kalomel,
    mit $\overline{NH_4OH}$ schwarz NH_2HgCl + Hg.
HgJ grün Ndschl.

Oxydsalze.

$HgCl_2$ weiß Sublimat,
    mit NH_4OH weiß NH_2HgCl.
HgJ_2 rot Ndschl., auch gelb.
HgS schwarz oder rot bei künstlicher Darstellung,
schwarz, grau, rot Zinnober.

Aluminium.

1. Aluminium verbrennt in Sauerstoff oder Luft mit hellem Licht; Stoffe wie $KClO_3$, S ... können es mit Blitzlichterscheinung oxydieren. Oxyde vermögen Aluminium zu oxydieren, sowohl solche von Nichtmetallen (CO_2, SiO_2 ...) als auch solche von Metallen (Fe_2O_3, Cr_2O_3 ...) Thermitverfahren. Luft oder Wasser oxydiert lebhaft an Stellen, an denen durch Quecksilber das schützende Oxydhäutchen entfernt wurde. Säuren oxydieren zu ihren Salzen, Alkalien zu Aluminaten.

2. Al_2O_3, in geschmolzenem Kryolith gelöst, wird an der Kathode des die Schmelze durchfließenden Stromes zu Al reduziert. Früher wurde die Reduktion von $AlCl_3$ durch Natrium bewirkt.

13. Basen fällen $Al(OH)_3$ aus löslichen Salzen. Aluminiumsalze schwacher Säuren werden durch Wasser in Base und Säure gespalten, z. B. das Acetat durch Wasserdämpfe (Beize in der Färberei); daher entsteht aus wässriger Lösung $Al(OH)_3$ unter Bedingungen, die Sulfid oder Karbonat erwarten ließen.

10. Stärkeren Basen gegenüber ist $Al(OH)_3$ Säure, wahrscheinlich spielt es auch in vielen Gesteinen (nicht nur in Spinellen) diese Rolle, ebenso beruht die Erhärtung von Zement vielleicht auf der Bildung von $Ca(AlO_2)_2$.

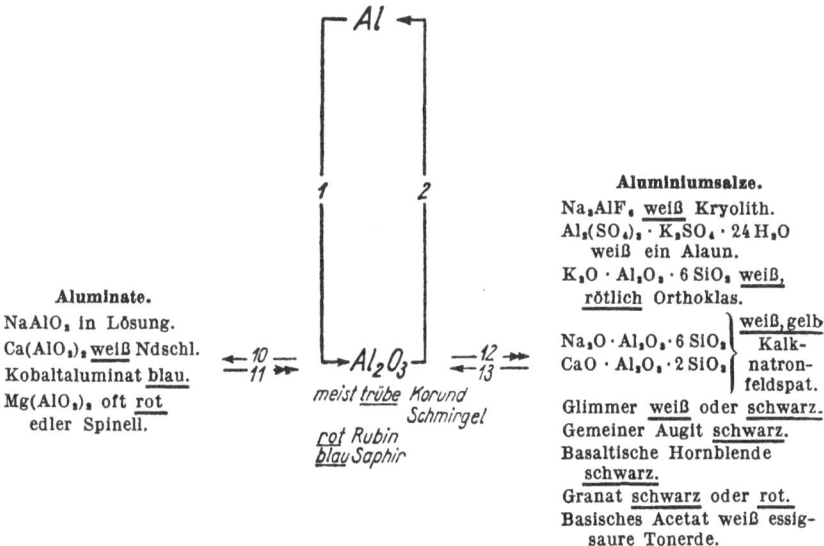

Aluminate.
NaAlO₂ in Lösung.
Ca(AlO₂)₂ weiß Ndschl.
Kobaltaluminat blau.
Mg(AlO₂)₂ oft rot
  edler Spinell.

Aluminiumsalze.
Na₃AlF₆ weiß Kryolith.
Al₂(SO₄)₃ · K₂SO₄ · 24 H₂O
  weiß ein Alaun.
K₂O · Al₂O₃ · 6 SiO₂ weiß,
  rötlich Orthoklas.
Na₂O · Al₂O₃ · 6 SiO₂ | weiß, gelb Kalk-
CaO · Al₂O₃ · 2 SiO₂ | natron-feldspat.
Glimmer weiß oder schwarz.
Gemeiner Augit schwarz.
Basaltische Hornblende
  schwarz.
Granat schwarz oder rot.
Basisches Acetat weiß essigsaure Tonerde.

Al

1   2

10   12
11   13

Al₂O₃
meist trübe Korund
Schmirgel
rot Rubin
blau Saphir

Eisen.

1 a. Säuren wie HCl oder H_2SO_4 oxydieren Eisen zu Oxydulsalzen, Schwefel oxydiert zum Sulfid.

1 b. Eisen rostet an feuchter, Säuren enthaltender Luft zu $Fe_2O_3 \cdot x\,H_2O$, starke HNO_3 oxydiert zu $Fe(NO_3)_3$, Chlor zu $FeCl_3$.

1 c. Eisen verbrennt zu $Fe_3O_4 = FeO \cdot Fe_2O_3$, Hammerschlag ist in der Hauptsache Fe_3O_4, auch Wasserdampf oxydiert zu Fe_3O_4 (Dämpfen des Eisens als Rostschutz).

2. Alle Eisenoxyde werden im Hochofen zu Eisen reduziert, das Reduktionsmittel ist in der Hauptsache CO. Aluminium reduziert beim Thermitverfahren Fe_2O_3 zu geschmolzenem Eisen; auch Wasserstoff oder Calciumkarbid vermögen Eisenoxyde zu reduzieren. Bei der Elektrolyse einer Eisenoxydulsalzlösung wird an der Kathode Eisen erhalten.

3. Oxydulverbindungen gehen leicht in Oxydverbindungen über: das helle (meist grüne) $Fe(OH)_2$ geht an der Luft in braunes $Fe(OH)_3$ über, Eisenspat wird oberhalb des Grundwassers allmählich zu Rot- oder Brauneisenstein (manchmal Pseudomorphosen); gleiches gilt von Schwefelkies, auch bei dessen technischem Rösten wird Fe_2O_3 erhalten. Oxydationsmittel wie HNO_3, Cl, $KMnO_4$ oxydieren zweiwertiges zu dreiwertigem Eisen. Bei der Verwitterung geben die Oxydulsilikate kolloides $Fe(OH)_3$. Aus der Lösung von $FeCO_3 \cdot H_2CO_3$ fällt Luft braune Flocken von $Fe(OH)_3$; technisch wird auf diesem Wege Wasser enteisent, ferner gewinnen aus dieser Oxydation die Eisenbakterien ihre Lebensenergie, sie bilden Eisenocker und Raseneisenstein.

4. H_2S reduziert Oxydsalz zu Oxydulsalz und wird dabei zu S oxydiert, auch viele andere Reduktionsmittel (SO_2 $SnCl_2$ ...) bewirken gleiche Reduktion. Im Licht vermögen manche organische Stoffe sie hervorzubringen: Eisenblaupapier ist geleimtes, mit Lösungen von rotem Blutlaugensalz und einem anderen Ferrisalz getränktes Papier; am Licht wird das Ferrisalz zu Ferrosalz reduziert, die belichteten Stellen werden daher beim Befeuchten blau.

12 b. Mit starken Säuren vermag die schwache Base Fe_2O_3 Salze zu bilden, nicht dagegen mit der schwachen Säure CO_2.

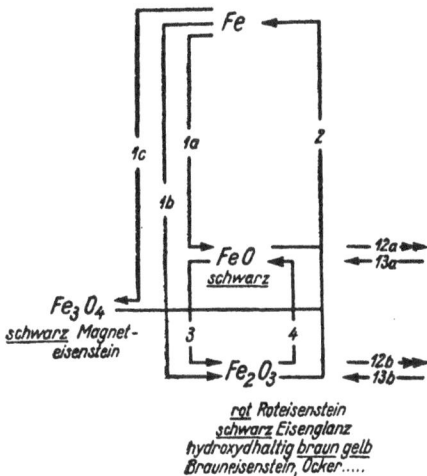

Fe

1c 1a 2

1b

Fe O
schwarz

Fe₃O₄
*schwarz Magnet-
eisenstein*

3 4

Fe₂O₃

←12a→
←13a—

←12b→
←13b—

*rot Roteisenstein
schwarz Eisenglanz
hydroxydhaltig braun gelb
Brauneisenstein, Ocker.....*

Oxydulsalze.

$FeSO_4 \cdot 7H_2O$ grün Sulfat.
FeS schwarz Ndschl. braun Magnetkies.
FeS_2 gelb Schwefelkies.
$FeCO_3$ grün Eisenspat.
$FeCO_3 \cdot H_2CO_3$ in Lösung.
$K_4FeCy_6 \cdot 3H_2O$ gelbes Blutlaugensalz.
Ferrosalze geben mit rotem Blutlaugensalz dunkelblauen Ndschl.
Silikate: Mineralien, Schlacken, Gläser.

Oxydsalze.

$FeCl_3$ rotgelb Chlorid.
K_3FeCy_6 rotes Blutlaugensalz.
Ferrisalze geben mit gelbem Blutlaugensalz dunkelblauen Ndschl.
$Fe(SCy)_3$ rot Sulfocyanid.
schwarzer Ndschl. mit Gallussäure.
Silikate: Schlacken, Gläser.

Eisenhüttenprozesse.

Die Pfeile von $FeCO_3$ und von FeS_2 zu Fe_2O_3 bedeuten die Vorbehandlung der Erze durch Brennen und Rösten.

1. Im Hochofen werden alle Oxyde zu Metall reduziert; dieses nimmt Kohlenstoff auf, dies möge graphisch als ein Fortschreiten im Sinne der Reduktion dargestellt werden, weil die Verminderung und Entfernung des Kohlenstoffs durch Oxydation geschieht. (Für Fe bedeutet die Karbidbildung eine Oxydation.)

2. Beim Puddeln wird ein Teil des Eisens zu Fe_3O_4 oxydiert, und es wird durch dessen Einrühren in das Eisen der gewünschte Kohlenstoffgehalt eingestellt.

3. Bei den Birnenprozessen wird das Eisen vollständig entkohlt, ein Teil oxydiert sich sogar zu Fe_3O_4, daher muß Reduktion und Rückkohlung stattfinden.

4. Beim Siemens-Martinprozeß wird ein Gemenge von Roheisen, von Schrott aus kohlenstoffärmerem Eisen und von Eisenoxyd eingeschmolzen; durch das Oxyd und durch oxydierende Flamme wird auch hier vollkommen entkohlt, so daß Reduktion und Rückkohlung erfordert wird.

5. Schmiedbarer Guß: Kleinere Gußstücke (Schlüssel . . .) werden durch längeres Erhitzen in Roteisensteinpulver kohlenstoffärmer gemacht.

6. Zementstahl: Umgekehrt wird Schmiedeeisen durch Erhitzen in Kohlepulver oder durch Ausglühen mit Kohlenstoff abgebenden Flammen ganz oder an der Oberfläche in Stahl verwandelt.

7. Elektrolyse einer Ferrosalzlösung liefert Eisen an der Kathode. So werden Kupferdruckplatten „verstählt", es wird so auch technisch sehr reines Eisen erhalten.

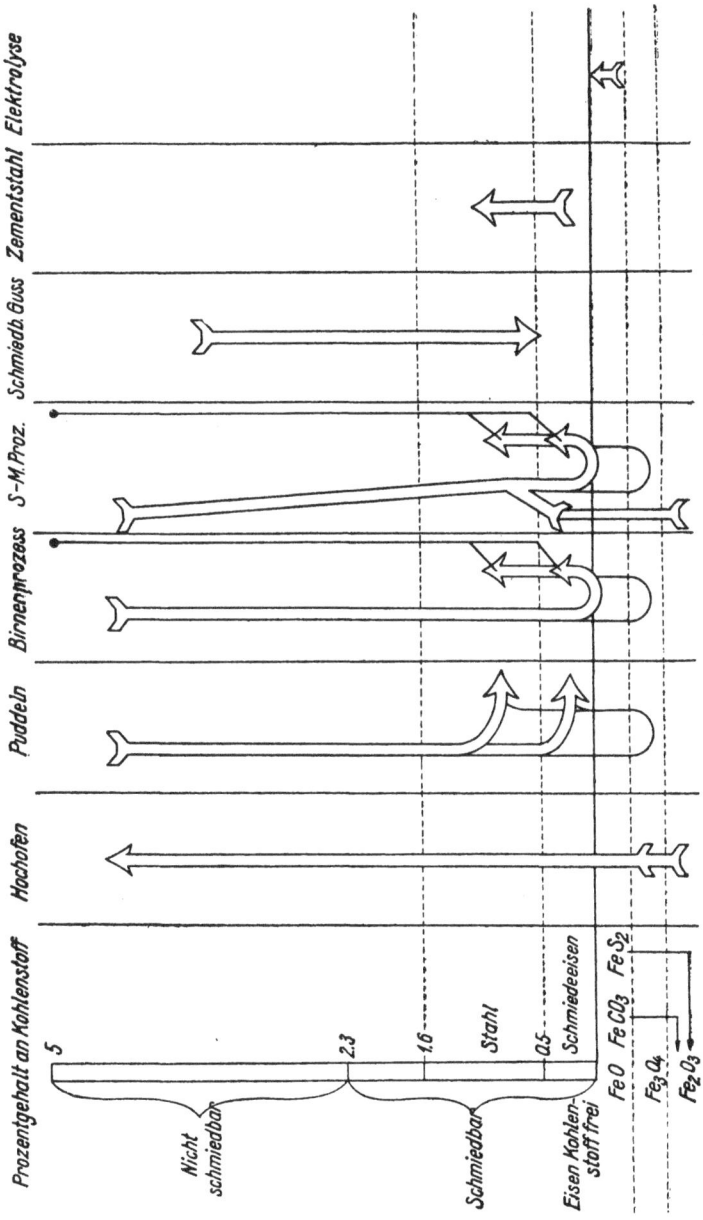

Schemata für die Eisenhüttenprozesse.

Zinn.

1 a. Heiße starke Salzsäure oxydiert Zinn zu $SnCl_2$.

1 b. Zinn verbrennt zu SnO_2, HNO_3 oxydiert zu einem Hydrat von SnO_2, das sich nicht weiter in Nitrat verwandelt, kochende Alkalilaugen oxydieren zum Stannat, Cl oxydiert zu $SnCl_4$ (Entzinnen von Weißblech).

2. Niederschmelzen mit Kohle reduziert Zinnstein zu Zinn.

3. Braunes SnO oxydiert sich bei schwachem Erwärmen an der Luft zu weißem SnO_2, $SnCl_2$ ist ein starkes Reduktionsmittel, weil es sich leicht zu $SnCl_4$ oxydiert, SnS gibt beim Erhitzen mit S SnS_2 (Musivgold).

10 b. Zusammenschmelzen von Zinnstein und Alkalihydroxyd liefert Stannat.

11 b. Verdünnte Säure spaltet aus dem Stannat die Zinnsäure ab, daher kann Stannat in der Färberei als Beize dienen.

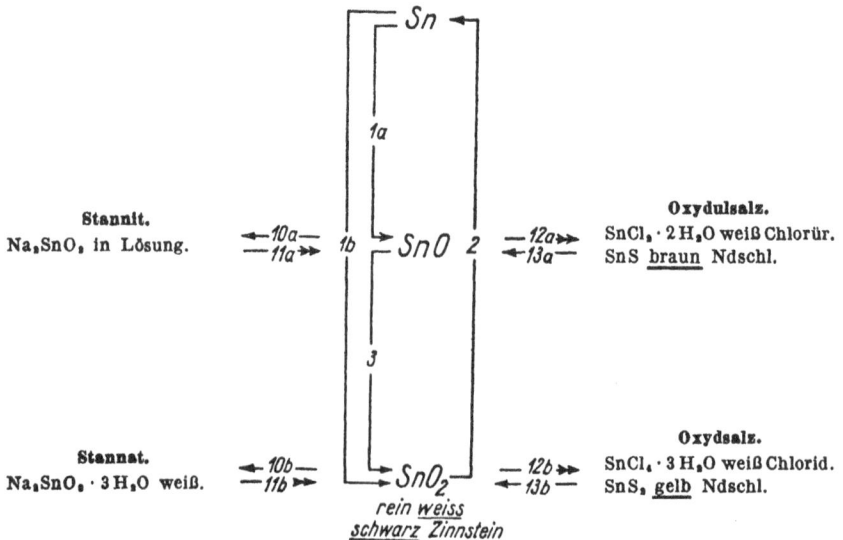

Stannit.
Na_2SnO_2 in Lösung.

Stannat.
$Na_2SnO_3 \cdot 3 H_2O$ weiß.

— 10 a —
— 11 a →

— 10 b —
— 11 b →

1 b — SnO 2

→ SnO_2
rein weiss
schwarz Zinnstein

1 a

3

— Sn ←

— 12 a →
← 13 a —

— 12 b →
← 13 b —

Oxydulsalz.
$SnCl_2 \cdot 2 H_2O$ weiß Chlorür.
SnS braun Ndschl.

Oxydsalz.
$SnCl_4 \cdot 3 H_2O$ weiß Chlorid.
SnS_2 gelb Ndschl.

Blei.

1 a. Pb wird zu PbO oxydiert beim Schmelzen an der Luft (Bleiglätte), Schwefel oxydiert zu PbS, HNO_3 zu $Pb(NO_3)_2$, in Gegenwart von Kohlensäure und Essigsäure oxydiert Luft Blei zu basischem Karbonat, bei Entladung eines Bleiakkumulators wird die negative Platte zu $PbSO_4$ oxydiert.

1 b. Bei der Elektrolyse von verdünnter Schwefelsäure zwischen Bleielektroden wird die Oberfläche der Anode zu PbO_2 oxydiert.

2. Kohle reduziert in der Technik und vor dem Lötrohr PbO zu Pb. Bei Verhüttung von Bleiglanz wird zuerst aus einem Teil des Sulfids das Oxyd freigemacht durch Wegrösten des reduzierten Schwefels, aus dem entstandenen Gemenge reduziert der noch darin steckende reduzierte Schwefel das oxydierte Blei zu Metall: $PbS + 2 PbO = 3 Pb + SO_2$.

3. Technisch wird durch richtig geleitetes Erhitzen PbO zu Pb_3O_4 (Mennige) oxydiert, auch Einleiten von Chlor in Natriumplumbitlösung liefert PbO_2.

4. Bei Entladung eines Akkumulators wird das PbO_2 der positiven Platte zu $PbSO_4$ reduziert, HCl reduziert PbO_2 zu $PbCl_2$ und wird dabei zu Cl oxydiert, SO_2 reduziert zu PbO und wird zu SO_3, so daß $PbSO_4$ entsteht.

10 b. PbO_2 gibt beim Kochen mit Alkalilauge ein Alkaliplumbat, in dieser Lösung fällt Bleisalz gelbes bleisaures Blei (Pb_3O_4).

11 b. HNO_3 fällt aus Pb_3O_4 das PbO_2 aus.

Pb

Plumbit.
Na$_2$PbO$_2$ in Lösung.

Plumbate.
Na$_4$PbO$_4$ in Lösung.
Pb$_3$O$_4$ gelb, rot
Mennige.

1a   *2*

10a — ←   *1b* PbO *12* →→
11a →→   *gelb*   ← *13* —

3   *4*

10b — ←   → PbO_2
11b →→   *braun*

Bleisalze.
Pb(NO$_3$)$_2$ weiß.
Bleiacetat weiß.
PbS schwarz Ndschl. grau
   Bleiglanz.
PbCl$_2$ weiß Ndschl.
PbJ$_2$ gelb Ndschl.
PbSO$_4$ weiß Ndschl.
xPbCO$_3$·yPb(OH)$_2$ weiß
   Bleiweiß.
PbCrO$_4$ gelb Ndschl.
Silikat in Gläsern und
   Glasuren.

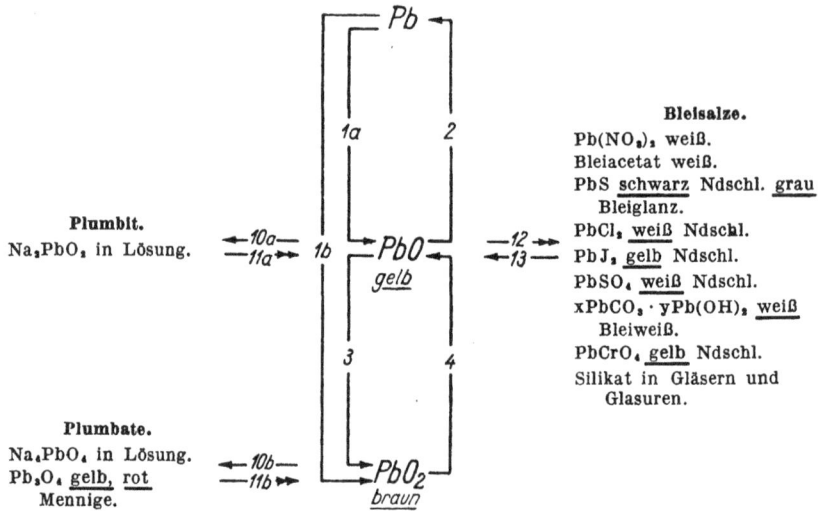

Vorgänge im Bleisammler.

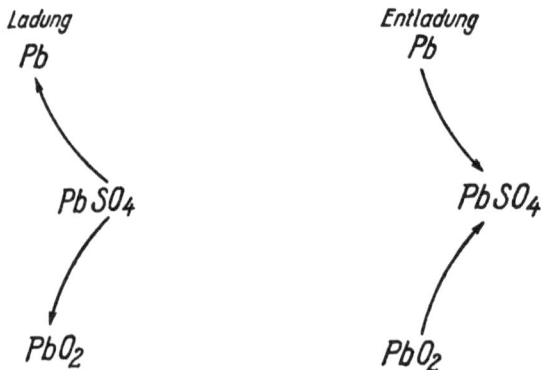

Ladung
Pb

$PbSO_4$

PbO_2

Entladung
Pb

$PbSO_4$

PbO_2

Kupfer.

1a. Schwefel oxydiert Kupfer zu Cu_2S.

1b. Luftsauerstoff oxydiert heißes Kupfer zu CuO, HNO_3 oxydiert zu $Cu(NO_3)_2$, H_2SO_4 zu $CuSO_4$, schwammiges Kupfer in starkem NH_4OH wird beim Schütteln mit Luft zu Kupferoxydammoniak oxydiert (Schweitzers Reagens — löst Zellulose).

2a. In Verbindung mit 2b. Cu_2S (Kupferstein) wird nach teilweisem Abrösten zu CuO mit diesem zur Reaktion gebracht, beide Sorten von oxydiertem Kupfer werden durch den reduzierten Schwefel reduziert: $Cu_2S + 2CuO = 4Cu + SO_2$.

2b. Alle organischen Dämpfe (Aldehyd ...) reduzieren eine oberflächlich oxydierte Kupferspirale, H, NH_3, organische Stoffe reduzieren CuO, Kupfersalzlösung wird an der Kathode einer Elektrolyse zu Kupfer reduziert, auch bei galvanischen Elementen, in denen Kupfer der positive Pol ist, wird dieser durch Reduktion der Lösung verstärkt. Unedlere Metalle (Zink ...) reduzieren Kupfersalzlösung zu schwammigem Kupfer.

4. Organische Stoffe wie Traubenzucker reduzieren das blaue $Cu(OH)_2$ zu gelbem $CuOH$, das bald rotes Cu_2O wird. SO_2 reduziert eine Lösung von $CuCl_2$ zu weißem $CuCl$.

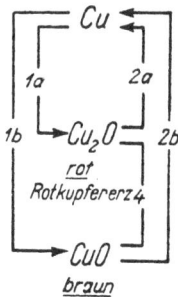

Oxydulsalze.
$CuCl$ weiß Chlorür.
$CuFeS_2$ gelb Kupferkies.
Cu_2S grau Kupferglanz.

Oxydsalze.
$CuSO_4 \cdot 5 H_2O$ blau, $CuSO_4$ weiß.
CuS schwarz Ndschl.
$CuCO_3 \cdot Cu(OH)_2$ grün Malachit.
$2CuCO_3 \cdot Cu(OH)_2$ blau Kupferlasur.
Arsenig-essigsaures Kupfer grün.

Verhüttung von Kupferkies.

Kupferkies kann als $Cu_2S \cdot Fe_2S_3$ aufgefaßt werden. Das erste Rösten oxydiert nur den reduzierten Schwefel des Fe_2S_3 zu SO_2, das bei reicheren Kiesen (Rammelsberg) zur Schwefelsäurefabrik geht. Der aus Cu_2S und Fe_2O_3 bestehende Abbrand wird mit Kohle und Sand niedergeschmolzen, wobei das Eisenoxydul verschlackt. Der von der Eisenschlacke leicht trennbare Kupferstein (Cu_2S) wird dann nach 2a verblasen.

Schema für die Verhüttung von Kupferkies.

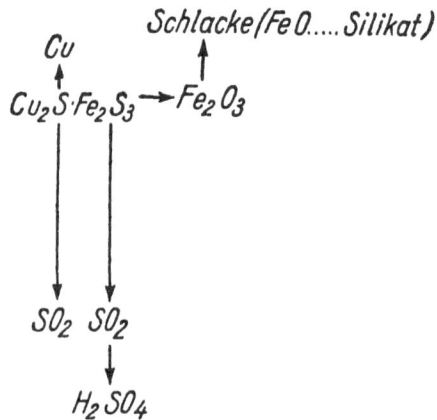

$$Schlacke\,(Fe\,O\ldots..\,Silikat)$$
$$Cu \qquad \uparrow$$
$$\uparrow \qquad$$
$$Cu_2S\cdot Fe_2S_3 \rightarrow Fe_2O_3$$

$$SO_2 \quad SO_2$$
$$\downarrow$$
$$H_2SO_4$$

Silber.

1. HNO_3 oxydiert Silber zu $AgNO_3$, Ozon oxydiert zu Ag_2O, beim „Tonen" eines photographischen Bildes durch Goldsalzlösung wird etwas Silber zu Silbersalz oxydiert und etwas Goldsalz zu Gold reduziert. Beim „Verstärken" einer Platte mit $HgCl_2$ wird etwas Silber oxydiert $HgCl_2 + Ag = HgCl + AgCl$ (bei nachfolgendem Baden in alkalischer Lösung entstehen aus den beiden weißen Stoffen die dunkeln Oxyde). Auch beim Abschwächen von Platten wird etwas Silber fortoxydiert.

2. Beim Schmelzen mit Kohle gibt Silberoxyd Metall. Ag_2O, gelöst in Ammoniak, wird durch organische Reduktionsmittel (Trauben-zucker . . .) zu Silber reduziert, der elektrische Strom reduziert Silbersalzlösung ($AgCy$ in KCy) an der Kathode. Unedlere Metalle reduzieren Silbersalz. Endlich reduziert das Licht Silberhalogenide, an so gebildeten „Keimen" schlägt dann ein geeignetes Reduktions-mittel (Entwickler) Silber nieder (photographischer Prozeß).

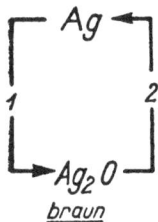

$$\begin{array}{c} Ag \\ 1 \qquad 2 \\ Ag_2O \\ braun \end{array} \quad \begin{array}{c} \xrightarrow{12} \\ \xleftarrow{13} \end{array}$$

Silbersalze.

$AgNO_3$ weiß Höllenstein.
$AgCl$ weiß.
$AgBr$ gelblichweiß.
AgJ gelblichweiß.
$AgCy$ weiß.
Ag_2S schwarz Ndschl. dunkelgrau Silberglanz.
Ag_3AsO_3 gelb Arsenit.
Ag_3AsO_4 braunrot Arsenat.
Ag_3PO_4 gelb Phosphat.

Chrom.

1. Nicht luftfreie Säuren (HCl, H_2SO_4) oxydieren Chrom zu ihren Chrom-oxydsalzen.
2. Cr_2O_3 wird technisch mit Aluminium zu Chrom reduziert.
3. Schmelzen einer Chromoxydverbindung mit Alkalinitrat oder Chlorat unter Zusatz von Soda liefert Alkalichromat, H_2O_2 oxydiert Chromit-lösung zu Chromat.
4. Ein mit H_2SO_4 bedecktes Chromat wird durch Alkohol lebhaft zu Chromsulfat reduziert; auch andere Reduktionsmittel wie H_2S . . . bringen diese Reduktion hervor. Im Chromsäureelement von Bunsen oxydiert Chromsäure den Wasserstoff fort, der den Kohlepol polari-sieren würde. Wenn eine mit Chromat getränkte Leimschicht be-lichtet wird, wird das Chromat zu Oxyd reduziert, das den Leim gerbt; der Leim wird daher an den vom Licht getroffenen Stellen wasserunlöslich, man macht bei vielen Lichtdruckprozessen hiervon Gebrauch.
12. Stärkere Säuren geben mit Chromoxyd wasserbeständige Salze, schwache wie H_2S und H_2CO_3 tun es nicht; unter Bedingungen, die aus Lösung ein Sulfid oder Karbonat erwarten ließen, tritt $Cr(OH)_3$ auf.

Cr

1　　2

Chromite.
NaCrO₂ in Lösung.
Fe(CrO₂)₂ schwarz
　Chromeisenstein.

Chromoxydsalze.
CrCl₃ grün in Lösung.
Cr₂(SO₄)₃ · K₂SO₄ · 24 H₂O
　grünviolett Chrom-
　alaun.
Silikate grün.

←—10a—
—11a→→

Cr_2O_3
grün

—12→→
←—13—

3　　4

Chromate.
K₂CrO₄ gelb
K₂Cr₂O₇ rot Bichromat.
BaCrO₄ gelb Ndschl.
PbCrO₄ gelb Ndschl.

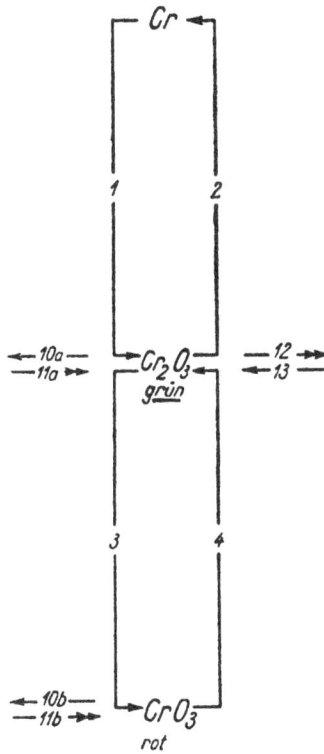

←—10b—
—11b→→

CrO_3
rot

Mangan.

1. Säuren wie HCl oder H_2SO_4 oxydieren Mangan zu Oxydulsalzen.
2. Manganerze werden im Eisenhochofen zu Metall reduziert, das sich mit dem Eisen legiert. Aluminium reduziert zu reinem Metall.
3a. Einleiten von Chlor in eine Aufschwemmung von $Mn(OH)_2$ oxydiert dies zu einem Hydrat von MnO_2, ebenso H_2O_2, auch Luft.
3b. MnO_2 wird beim Schmelzen mit Alkalinitrat oder Chlorat unter Zusatz von Soda zu Manganat.
3c. Einleiten von Chlor in Manganatlösung oxydiert diese zu Permanganat.
4a. MnO_2 wird durch HCl zu $MnCl_2$ reduziert, das HCl dabei zu Cl oxydiert.
4b. Ein Überschuß von SO_2 reduziert $KMnO_4$ zu $MnSO_4$, dasselbe tun Eisenoxydulsalze, H_2S, HCl u. dgl.
4c. SO_2 in geringer Menge reduziert $HMnO_4$ zu braunem Hydrat von MnO_2, ebenso Holz, das mit einer Lösung von $KMnO_4$ gebeizt wird.
4d. Beim Ansäuern (schon mit CO_2) zerfällt eine Lösung von K_2MnO_4 in MnO_2 und $KMnO_4$ (Chamäleon minerale).

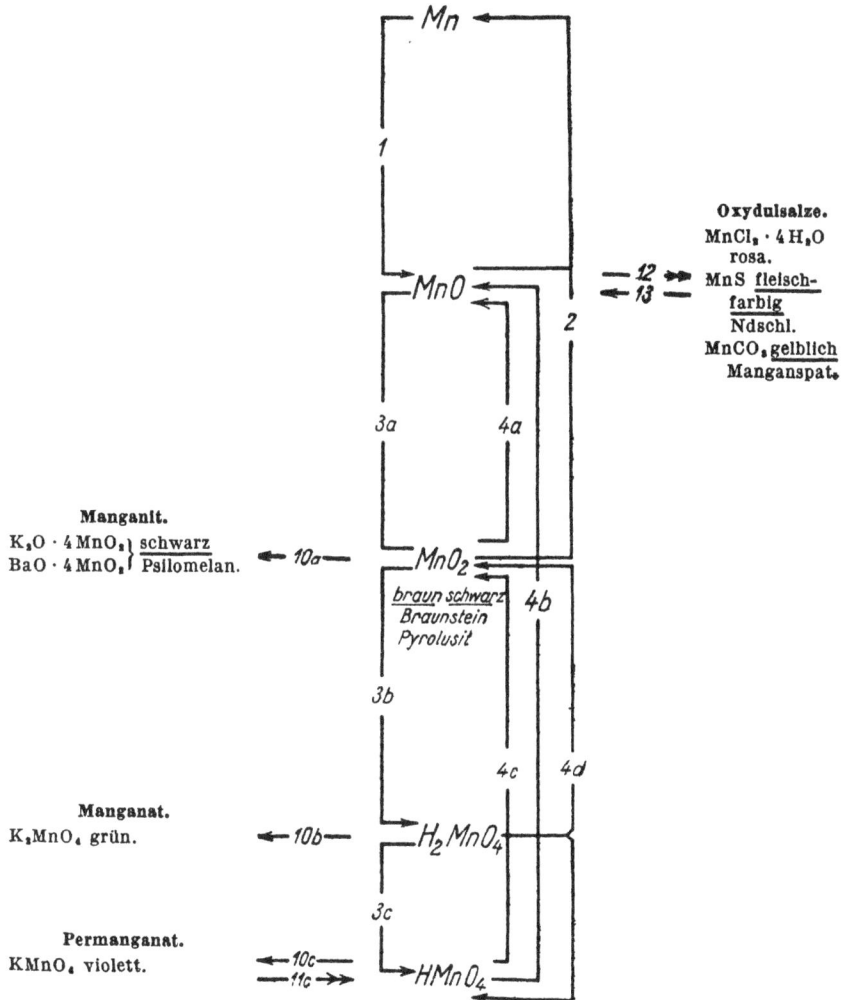

Mn

1

Oxydulsalze.
$MnCl_2 \cdot 4 H_2O$
rosa.
MnS fleisch-
farbig
Ndschl.
$MnCO_3$ gelblich
Manganspat.

MnO

12
13

2

3a   4a

Manganit.
$K_2O \cdot 4 MnO_2$ schwarz
$BaO \cdot 4 MnO_2$ Psilomelan.

10a

MnO_2

braun schwarz
Braunstein
Pyrolusit

4b

3b

4c   4d

Manganat.
K_2MnO_4 grün.

10b

H_2MnO_4

3c

Permanganat.
$KMnO_4$ violett.

10c
11c

$HMnO_4$

Typische Verfahren der Metallgewinnung.

	Na	Cu	Mg	Zn	Hg	Al	Sn	Pb	Fe
Chlorid	NaCl		KClMgCl$_2$						
Sulfid		CuFeS$_2$		ZnS	HgS			PbS	FeS$_2$
Carbonat				ZnCO$_3$					FeCO$_3$
Oxyd	NaOH	CuO		ZnO		Al$_2$O$_3$	SnO$_2$	PbO	Fe$_3$O$_4$, Fe$_2$O$_3$, Fe$_2$O$_3$·xH$_2$O
Metall	Na	Cu	Mg	Zn	Hg	Al	Sn	Pb	Fe

- – – – – Elektrolyse
- + + + + Rösten
- · · · · · · · Brennen
- ——— Reaktionsarbeit
- ▧▧▧▧ Reduktion mit C und CO.